"守护童年"儿童安全教育绘本

我是哪里来的？

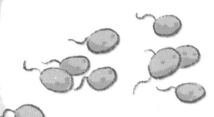

③~⑥岁孩子必知

隋晓峰　双福◎编著

江苏凤凰科学技术出版社

·南京·

图书在版编目（CIP）数据

我是哪里来的？ : 3~6 岁孩子必知 / 隋晓峰，双福编著 . -- 南京 : 江苏凤凰科学技术出版社，2021.6
（"守护童年"儿童安全教育绘本）
ISBN 978-7-5713-1772-0

I.①我… Ⅱ.①隋… ②双… Ⅲ.①安全教育—儿童读物 Ⅳ.①X956-49

中国版本图书馆 CIP 数据核字 (2021) 第 013094 号

"守护童年"儿童安全教育绘本

我是哪里来的？　3 ~ 6 岁孩子必知

编　　　著	隋晓峰　双福
责 任 编 辑	陈　艺
责 任 校 对	仲　敏
责 任 监 制	方　晨

出 版 发 行	江苏凤凰科学技术出版社
出版社地址	南京市湖南路 1 号 A 楼，邮编：210009
出版社网址	http://www.pspress.cn
印　　　刷	佛山市华禹彩印有限公司

开　　　本	718mm×1000mm　1/16
印　　　张	4
字　　　数	55 000
版　　　次	2021 年 6 月第 1 版
印　　　次	2021 年 6 月第 1 次印刷

标 准 书 号	ISBN 978-7-5713-1772-0
定　　　价	28.00 元

目 录 Contents

♂ 我想参加爸爸妈妈的婚礼　5

♀ 我是从哪里来的？　9

♂ 爸爸不可以生宝宝吗？　14

♀ 我有《出生医学证明》　17

♂ 为什么我是男生（女生）？　19

♀ 小鸡鸡的故事　22

♂ 为什么要每晚洗屁屁？　28

♀ 为什么男生女生喜欢的玩具不一样？　31

♀ 男生和女生哪里不一样？ 34

♂ 爸爸身上为什么会有很多毛？ 41

♀ 我可以吃陌生人给的糖果吗？ 45

♂ 我该怎么办呢？ 50

♀ 玩"过家家"的时候不能亲嘴吗？ 53

♂ 玩"过家家"时，什么是不可以做的？ 55

♀ 妈妈，我可以和你结婚吗？ 60

我想参加爸爸妈妈的婚礼

爸爸妈妈的结婚照那么好看，

为什么我从来没见过妈妈穿那件衣服呢？

我很想看爸爸妈妈穿漂亮衣服的样子。

我也想参加爸爸妈妈的婚礼！

因为爸爸妈妈结婚后才有你啊！你是爸爸妈妈爱情的结晶，婚礼就是爸爸妈妈爱情的宣誓仪式。就像果树需要先长大、开花，然后才能结出果子，爸爸妈妈也要先结婚，然后才生下你。

那天，妈妈很漂亮，爸爸也很帅气。爸爸妈妈拍结婚照的原因之一，就是想给之后来到这个世界上的你看看。

但是你也不用感到遗憾，你以后也会结婚。会有那么一个人，让你想一直和他（她）在一起。到时候，你们也会穿上漂亮的衣服，也会有很多人祝福你们。

当然，爸爸妈妈也会祝福你们。

我是从哪里来的?

爸爸妈妈,

小草是从地里长出来的,

小鸡是从鸡蛋里孵出来的,

苹果是长在树上的,

那我是从哪里来的?

爸爸妈妈结婚以后，爸爸的一个精子和妈妈的一个卵子相遇，然后融合在一起，就有了你。所以，你是爸爸妈妈共同的孩子！

卵细胞
直径约 0.1 毫米

沙子
直径约 1 毫米

爸爸提供精子　妈妈提供卵子

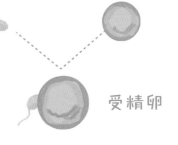

受精卵

刚刚形成的你很小，比沙子还要小很多。妈妈把你放在肚子里，你就像住在宫殿里一样，这样妈妈就可以很好地保护你。

你就在妈妈的肚子里一点一点长大，一直长到9个多月，终于在某一天你可以离开宫殿，来到外面的世界生活了。

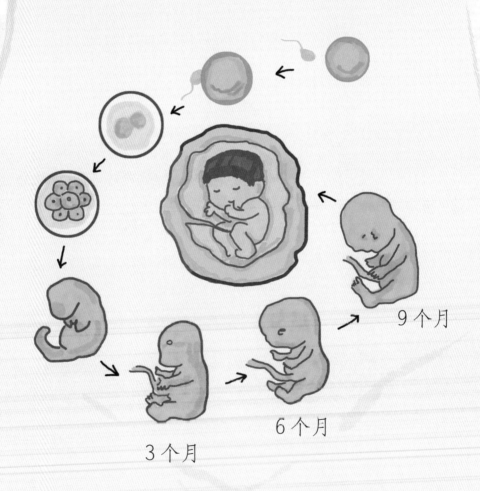

9个月

6个月

3个月

为了庆祝你从妈妈的肚子里出来，之后每一年
的那一天，爸爸妈妈都会陪你过生日。

现在你知道自己是从哪里来的吗?

爸爸不可以生宝宝吗？

　　爸爸是男生，妈妈是女生，男生是不能生小宝宝的，因为男生与女生的身体结构是不一样的。

　　你看，爸爸有高高的个子、强壮的肌肉；妈妈就像花朵一样，是漂亮、温柔的模样。

这些是你能看到的不同，其实在你看不到的身体里面，爸爸妈妈也是不一样的。妈妈肚子里有个器官叫作子宫，就像美丽的宫殿一样，你就是在这个"宫殿"里长大的。爸爸的身体里可没有这个"宫殿"！

爸爸虽然不能生小宝宝，但是爸爸的任务和妈妈一样重要。爸爸是守护宫殿的勇敢武士，当你在妈妈的肚子里慢慢长大的时候，爸爸就在照顾和守护着你和妈妈，让你健健康康地长大。你出生后，爸爸陪你玩游戏，抱着你出去玩耍，还可以像强壮的大树一样把你举高高。

我有《出生医学证明》

爸爸妈妈，有的小朋友说他们是买东西时送的，还有的小朋友说他们是路边捡来的。为什么我是从妈妈肚子里出来的啊？有什么能证明吗？

当你在妈妈肚子里成长到9个多月，爸爸妈妈就去医院等待你的出来。在医生和护士的帮助下，你终于从妈妈的肚子里出来了。

你有一张《出生医学证明》，是你出生的医院给你开的。上面记录着你待在妈妈肚子里的时间，从妈妈肚子里出来的时间，出生时候的身长、体重，还有爸爸妈妈的信息和属于你独一无二的编号。

出生医学证明
MEDICAL CERTIFICATE OF BIRTH

	性别	出生时间
新生儿姓名	出生体重	出生身长
出生孕周	年龄	国家
母亲姓名	年龄	国籍
父亲姓名		
		编号
签发机构		
签发日期		

这是你来到世界上的第一张证明，它是你从妈妈肚子里出来的最好证据。

为什么我是男生（女生）？

　　这是随机决定的。就像抛硬币，硬币落下的时候，朝上的不是正面就是反面。而硬币落下之前，谁也不知道，也无法决定朝上的是正面还是反面。

　　你也是一样的。你从妈妈的肚子里出来之前，爸爸妈妈也不知道你到底是男生还是女生，更不能决定你是男生还是女生。但是，爸爸妈妈会满怀期待地在医院等待你来到这个世界。

当你出生后，医生会先根据你有没有"小鸡鸡"（学名叫做阴茎）等来判断你是男生还是女生。不论你是男生还是女生，爸爸妈妈都会一样爱你。爸爸妈妈会在你遇到困难的时候给你帮助，在你害怕的时候给你加油打气，在你取得进步的时候和你一起分享喜悦。

21

小鸡鸡的故事

为什么男生有水管模样的小鸡鸡，而女生没有？

你已经知道只有妈妈才能生宝宝，那是因为妈妈和爸爸的身体结构不同。小鸡鸡就是男生和女生的不同，男生都有水管模样的小鸡鸡，爸爸也有。

小鸡鸡是用来尿尿的，和眼睛、鼻子一样重要，但是它很脆弱，男生要学会好好爱护它。

小鸡鸡还很害羞，它是你的隐私部位，只有在厕所尿尿、在浴室洗澡的时候才能拿出来。男生平时要穿好自己的小内裤，把小鸡鸡保护好。

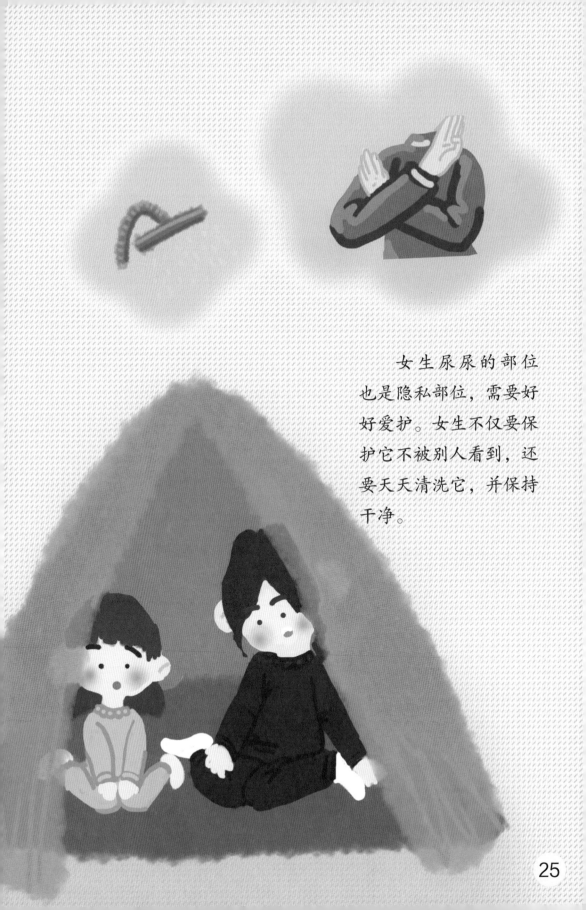

女生尿尿的部位也是隐私部位，需要好好爱护。女生不仅要保护它不被别人看到，还要天天清洗它，并保持干净。

以后你还会发现，不仅男生和女生不一样，男生和男生也有不一样的地方。每个人都有不一样的地方。

不一样的人就像形状、颜色不一样的花朵，如果世界上只有一种花，那会多么无趣呀！

为什么要每晚洗屁屁？

因为屁屁是很容易弄脏的地方。

如果不洗屁屁，你会变得脏脏的、臭臭的，你身上还会有奇怪的味道，小朋友会不喜欢和你玩，自己也会觉得不舒服。

而且，屁屁脏脏的，还容易生病。生病的时候，爸爸妈妈、医生和护士会照顾你，但是打针还需要你配合，吃药还需要你自己来完成，这些别人都不能代替你。

所以，爸爸妈妈每天都会给你洗屁屁。你长大了以后要学会自己洗屁屁，要用温水从前往后冲洗，洗干净之后再用毛巾擦干净。大家都喜欢爱干净的小朋友呢！

为什么男生女生喜欢的玩具不一样?

虽然男生女生会喜欢同样的玩具,但是女生更多喜欢洋娃娃,男生更多喜欢汽车、挖掘机、飞机、枪等。喜欢的运动也经常不一样,女生更多喜欢做安静的游戏,男生更多喜欢跑、跳、打闹的玩法。为什么会这样?

喜欢不同的玩具和运动跟每个小朋友的性格有关系，跟爸爸妈妈和老师的教育引导有关系，其实跟你是男生还是女生的关系并不大。喜欢就去勇敢地尝试，女生也可以做跑跳的运动，男生也可以安静地剪纸。

当你努力做你自己喜欢的事情，你不去在意别人说什么，相信你也可以做得很好。女生可以是运动冠军，男生可以是剪纸的小艺术家，所有人都会夸赞你们！

男生和女生哪里不一样？

　　宝宝这么会观察，应该已经发现一些男生和女生不一样的地方了吧！

　　现在，爸爸妈妈就和你一起数一数，男生和女生有哪些不一样的地方。

男生大多剪短头发；女生大多留着长头发，并且会扎起辫子。

男生一般喜欢穿长裤或短裤，而女生一般喜欢穿漂亮的裙子。

男生大多喜欢打打闹闹，女生大多喜欢安安静静。

当然，也有些男生喜欢安安静静地做一些事情，也有些女生喜欢和男生一起打打闹闹。每个人都有自己的性格。

男生和女生的卫生间门口有不同的标记，上卫生间要分开是一种礼貌。男生是站着尿尿的，女生是蹲着或坐着尿尿的。

随着年龄增大，大部分男生会变强壮，力气越来越大，还会长出胡须，喉结也会变大。

男生说话的声音粗，女生说话的声音细。

这一点在小朋友身上还不明显，但是在大人身上就比较明显了。比如，爸爸的声音明显比妈妈粗，叔叔的声音比阿姨粗。小朋友们长大后也会变成这样。

男生的胸部是平平的，女生的胸部是鼓鼓的。

小朋友的胸部都是平平的，但是长大以后，女生的胸部就会变大，你看妈妈和阿姨们的胸部都是鼓鼓的。

其实，男生和女生还有很多不一样的地方呢，等你长大后就知道了。

爸爸身上为什么会有很多毛?

其实，你身上也是有毛的，只不过你的毛没有爸爸的这么粗、这么长。如果你在灯光下仔细看，就会发现，除了掌心和脚底，你的全身都有细细、短短的毛。

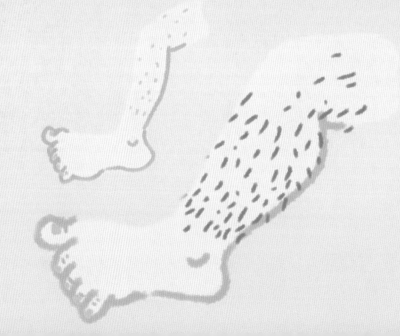

爸爸的毛发就像大树的叶子，而你还是小孩子，就像一棵小树苗，叶子还是小小、嫩嫩的。等你长大了，你的毛发也会长得长长的。

虽然现在你身上的毛还很短，但是它们的作用可大了。它们不仅会在你感到冷的时候帮助你保暖，在你感到热的时候帮助你排出汗液，降低体温，还能帮助你减轻摩擦，减少擦伤，甚至还能防止蚊虫叮咬。

等你长到十三四岁，你腋下和两腿之间的毛就会像爸爸妈妈一样变粗、变长。男生还会像爸爸一样长出腿毛和胡须。

粗粗长长的毛，是你长大的一个标志哦！

我可以吃陌生人给的糖果吗？

宝宝，你一定要记住，绝对不要吃陌生人给你的任何东西，因为我们不知道陌生人为什么给你东西吃，他（她）想对你做什么。

有的叔叔阿姨可能是看你长得可爱，想和你一起玩，所以给你糖果。

但也有些叔叔阿姨，甚至是爷爷奶奶，他们看起来好像很善良，假装和你一起玩，实际上却是想趁爸爸妈妈不注意时把你带走。

购物中心

不是每个人都像爸爸妈妈这么爱你。爸爸妈妈给你买漂亮的衣服、鞋子，帮你铺好温暖的小床，做你喜欢吃的饭菜，给你买好玩的玩具，都是因为爸爸妈妈爱你，希望你每天都过得开开心心的。

但是，如果你被坏人带走，你可能就再也见不到爸爸妈妈了。

爸爸妈妈都不希望这样的事情发生，甚至想不到比这更让人难过的事了。

所以出门的时候，你要牵着爸爸妈妈的手，或者紧跟在爸爸妈妈身边。如果有想看的东西，你就叫住爸爸妈妈，爸爸妈妈会一起停下来陪你看。

我该怎么办呢?

万一和爸爸妈妈走散了,你就停在原地,不要和陌生人说话,更不要跟陌生人走,爸爸妈妈会回来找你。除此之外,你还要记住爸爸妈妈的名字和电话号码,必要时向你信任的成年人求助,比如警察。

爸爸姓名:
FATHER'S NAME

妈妈姓名:
MATHER'S NAME

爸爸电话:
FATHER'S PHONE

妈妈电话:
MATHER'S PHONE

地址:
ADDRESS

如果有陌生人想强行拉你走，你就大声求救，向人多的地方跑。

在这个世界上，不是除了爸爸妈妈之外的人都是坏人。因为你现在太小了，还不会分辨谁是好人、谁是坏人，所以为了你的安全，你不要随便相信陌生人。等你长大了就会发现，这个世界上各种各样的人都有，有的可爱，有的温暖，还有的十分有趣。

玩"过家家"的时候不能亲嘴吗？

爸爸妈妈，我们玩"过家家"的时候亲嘴，只是在模仿电视里的叔叔阿姨啊，为什么不可以呢？

亲吻对方是想要表达自己的喜欢，"过家家"只是一个游戏，小朋友之间表达喜欢可以拥抱和牵手。等长大了，如果遇到你喜欢的人，而他（她）也喜欢你，你们才可以亲吻。

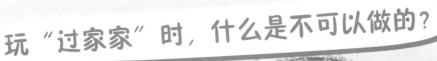

玩"过家家"时，什么是不可以做的？

"过家家"是一个很好玩的游戏，爸爸妈妈小的时候也玩过，还扮演过很多角色。但是，除了亲嘴，还有一些事情也是玩"过家家"的时候不能做的。

扮演医生和病人的时候，不能真的给扮演病人的小朋友吃药。没有生病的小朋友吃了药，身体会不舒服。可以拿五颜六色的糖果来当作药。

当你扮演医生，假装给小朋友检查身体的时候，胸部和尿尿的地方不能看，也不能摸，因为那里是很脆弱的。我们除了要保护好自己的身体，也要保护好小朋友的身体。可以让小朋友张大嘴，看看小朋友的牙齿，也可以隔着衣服听听小朋友的心跳声。

扮演孕妇的时候，不能真的把"孩子"塞到身体里面。可以把枕头当作"孩子"，绑在上衣里面，假装孕妇的大肚子。

有时间的话，爸爸妈妈会陪你一起玩"过家家"，到时候你可以当爸爸或妈妈，然后爸爸妈妈来当孩子，这一定会很好玩哦。

妈妈，我可以和你结婚吗？

妈妈，你温柔又漂亮，
做饭也很好吃，我喜欢你！
我想和你一直在一起，我
长大后可以和你结婚吗？

我也很喜欢宝宝，但是我们不能结婚哦。
因为你对妈妈的这种"喜欢"，和结婚的那种
"喜欢"是不一样的。

　　妈妈喜欢小花小草，所以给它们浇水，看着它们长大；你喜欢幼儿园的小朋友，所以有好玩的玩具会和他们一起分享；爸爸妈妈都喜欢你，所以会给你做好吃的，给你买玩具，下班回来后还会陪你玩游戏。

如果你喜欢妈妈，可以把妈妈喜欢吃的菜夹到妈妈碗里；可以在妈妈累了的时候帮妈妈捶捶背；还可以在妈妈睡觉的时候说话小声一些，让妈妈能好好休息。

港湾

就算你不能和妈妈结婚，妈妈也会一直和你在一起。不论你长得多大，只要你难过了、委屈了，告诉爸爸妈妈，爸爸妈妈永远是你最温馨的港湾。